KB252429

식빵 & 또띠아
초간단 변신

식빵 & 또띠아 초간단 변신

초판 1쇄 발행 2011년 11월 15일

지은이 황금연못(김희진, 송정은)

펴낸이 이지은 **펴낸곳** 팜파스
기획 이진아 **편집** 정은아
디자인 조성미 **마케팅** 정우룡
인쇄 (주)미광원색사

출판등록 2002년 12월 30일 제 10-2536호
주소 서울시 마포구 서교동 404-26 팜파스빌딩 2층
대표전화 02-335-3681 **팩스** 02-335-3743
홈페이지 www.pampasbook.com | blog.naver.com/pampasbook
이메일 pampas@pampasbook.com

값 13,000원
ISBN 978-89-93195-70-5 (13590)

식빵 & 또띠아 초간단 변신

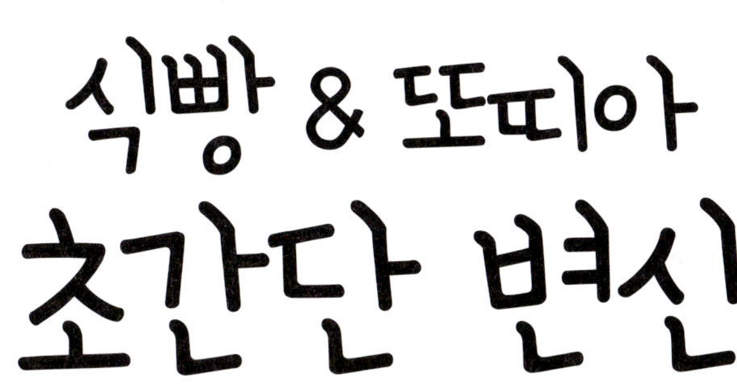

황금연못(김희진, 송정은) 지음

팜파스

프롤로그

인생에서 가장 좋은 친구는 딸이 아닐까요?
저는 딸아이와 친구처럼 요리 블로그를 운영하고 있습니다.

법학을 전공한 아이라서 요리와는 거리가 멀지만, 요리를 잘하시는 할머니의 영향인지 요리하는 것을 힘든 일이라고 생각하지 않고 소꿉놀이처럼 조물락조물락 하는 아이를 발견했어요. 부엌일을 해본 적이 없는 아이가 제가 외출하면 간식이며, 아빠와 남동생의 식사를 곧잘 챙겼습니다.

그 모습을 보며 누구나 부담 없이 만들 수 있는 쉽고 간단한 레시피를 블로그에 올린다면 요리를 자주 해보지 않은 분들도 맛있는 음식을 만들 수 있겠다고 생각이 들었죠. 그래서 30년 결혼생활 동안 쌓아온 요리의 노하우를 딸아이에게 알려주듯 블로그에 올리기 시작하였습니다. 그리고 더 많은 분과 레시피를 공유하고 싶어서 딸아이와 함께 식빵과 또띠아를 활용한 재미있고 쉬운 요리를 담은 책을 출간하게 되었습니다.

저도 요리 초보시절에는 요리책을 펼쳐놓고 요리를 하곤 했습니다. 하지만 어려운 레시피와 너무 많은 재료들, 그리고 흔히 접할 수 없는 재료 때문에 책장을 덮은 적이 한두 번이 아니었어요. 그래서 어린아이부터 남녀노소 누구나 쉽게 따라할 수 있는 요리책을 만들기 위해 노력했고, 일반 가정에서 흔히 접할 수 없는 재료들은 과감히 생략하여 모든 레시피의 재료를 최대한 간소화하였습니다.

또 '식빵 요리' 하면 흔히 인스턴트식품을 떠올리게 되는데, 건강을 위해서 첨가물이 포함된 가공식품은 최대한 배제하였습니다. 유기농 식빵과 또띠아, 비정제 설탕을 활용하였고, 이 책에서 사용된 버터와 소시지 등은 첨가물이 포함되지 않은 제품입니다.

지난 봄, 아직은 쌀쌀한 겨울바람이 불던 날 팜파스 이진아 실장님으로부터 출판 제의를 받았는데 계절이 바뀌는 것도 모른 채 작업을 하다 보니 어느새 가을이 되었네요. 여름 내내 딸아이와 주방에서 비지땀을 흘려가며 가까스로 완성하였는데, 제 이름이 새겨진 요리책이 세상에 나온다고 하니 소풍날을 기다리는 어린 아이처럼 설레기만 합니다.

결혼 후 30년 동안 줄곧 두 아이들만을 기르며 전업주부로 살아온 제가 늦은 나이에 요리책을 출간하며 제2의 인생을 시작하게 된 것은 혼자가 아니라 딸아이와 둘이었기에 가능한 일이었습니다. 때로는 남편 같고, 때로는 친구 같은 딸과 책 출간 작업에 전념하라며 설거지를 도맡아준 남편과 아들에게 사랑한다고 전하고 싶습니다.

아울러 출간 작업이 예정보다 늦어졌지만 묵묵히 기다려주신 이진아 실장님을 비롯한 팜파스 관계자분들께 감사드립니다.

황금연못

contents

Part 01

식빵요리

01
식빵의 변신

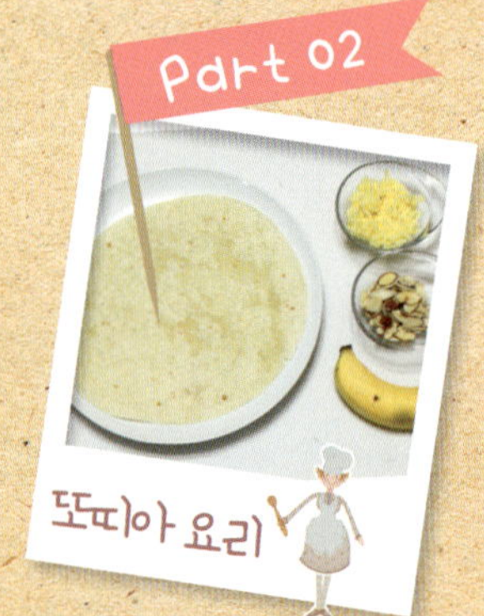

04
10분 뚝딱, 또띠아 피자

Part 01

Bread & Tortilla
식빵요리

바나나잼

Ready 바나나 450g, 설탕 180g, 레몬즙 2큰술

Cooking

1 바나나를 잘라 설탕, 레몬즙과 함께 넣고 끓입니다. 약불에서 끓이다가 바나나에서 수분이 나오면 바나나를 으깹니다.

2 잼의 점도가 되도록 뭉근하게 조립니다.

3 완성된 잼은 뜨거울 때 열탕 소독한 유리병에 담아서 뒤집어놓으면 진공 상태가 되어 보관에 용이합니다.

딸기잼

Ready 딸기 1kg, 설탕 300g

Cooking

1 딸기는 깨끗하게 씻어 물기를 제거하여 준비합니다. 잼을 완성했을 때 과실의 원형이 어느 정도 남아 있는 프리저브로 만들려면 딸기를 그대로 사용하고, 그렇지 않으면 딸기를 잘게 자릅니다.

2 냄비에 딸기를 넣고 끓이면서 수분을 날립니다. 처음부터 설탕을 넣고 끓이면 딸기잼이 여기저기로 튀기 때문에 설탕은 나중에 넣는 것이 좋습니다. 이때 거품이 생기면 걷어내주세요.

3 딸기가 처음 양의 절반 정도로 줄어들면 설탕을 넣습니다. 눌어붙지 않도록 바닥까지 잘 저어가며 조려주세요. 그릇에 찬물을 담고 완성된 딸기잼을 한두 방울 떨어뜨렸을 때 퍼지지 않으면 적당한 점도입니다.

Reddy 당근 200g, 사과 120g, 물 50ml, 설탕 5큰술, 레몬즙
1큰술

Cooking
1 당근과 사과를 블렌더에 갈아줍니다.
2 1과 물, 설탕을 냄비에 넣고 센불에서 끓입니다.
3 수분이 어느 정도 날아가면 레몬즙을 넣고 약불에
  서 은근하게 조립니다.

당근잼

Reddy 양파 170g, 설탕 50g, 물 3큰술, 레몬즙 1큰술

Cooking
1 양파는 가늘게 채썰어 준비합니다.
2 양파, 설탕, 물을 넣고 잘 저어줍니다.
3 양이 어느 정도 줄어들면 레몬즙을 넣고 잼의 점도
  가 될 때까지 조립니다.

양파잼

Reddy 땅콩 100g, 설탕 20g, 올리브유 2큰술

Cooking
1 땅콩은 오일을 두르지 않은 팬에서 볶아주세요.
2 블렌더에 볶은 땅콩을 곱게 갈아줍니다.
3 2에 설탕, 올리브유를 넣고 함께 갈아주면 완성입
  니다.

땅콩버터

Reddy 두부 200g, 호두 20g, 메이플시럽 2큰술, 올리브유 1큰
술, 레몬즙 1큰술
· 호두는 생략하거나 다른 견과류로 대체할 수 있습니다.
· 메이플 시럽은 꿀로 대체할 수 있습니다.
· 입맛에 따라 소금을 약간 넣어도 좋습니다.

Cooking
1 두부는 물기를 제거하여 준비합니다.
2 준비한 모든 재료를 블렌더에 넣고 갈아주면 완성
  됩니다.

두부마요네즈

01
식빵의 변신

Waffle
식빵 와플

식빵 2장, 딸기 4개,
생크림 1/2컵, 딸기잼 1큰술

Reddy

Cooking

1 식빵은 테두리를 자릅니다.

2 와플팬 위에 식빵을 놓고 딸기잼을 바릅니다.

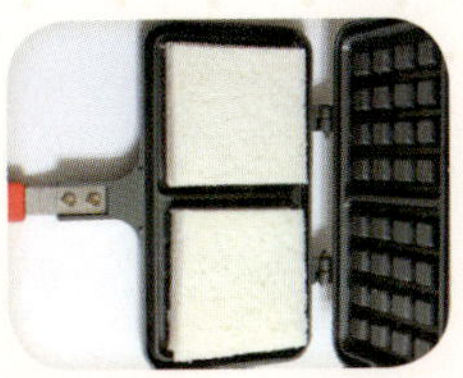

3 다른 식빵으로 덮고 와플 팬 뚜껑을 닫아 약불에서 앞뒤로 노릇노릇 익힙니다.

4 먹기 좋은 크기로 자르고 장식용 딸기를 곁들여 냅 니다.

Strawberry pie

식빵 딸기파이 

Ready

1 식빵은 노릇하게 구워주세요.

2 식빵을 대각선으로 잘라 4등분합니다.

3 자른 식빵에 딸기잼을 바릅니다.

4 남은 식빵으로 덮어주세요.

5 식빵 중앙에 생크림을 얹어줍니다. 이때 식빵을 충분히 식힌 후 생크림을 얹어주세요. 그렇지 않으면 생크림이 녹아버립니다.

6 꼭지를 제거한 딸기를 생크림 위에 올립니다. 더 먹음직스럽게 보이려면 딸기에 나빠쥬를 발라주세요.

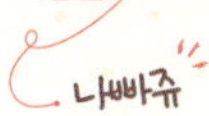

나빠쥬
베이킹에서 사용하는 광택제입니다.

Cake
식빵 케이크 

Ready

Cooking

1 식빵은 테두리를 잘라냅니다.

2 딸기는 꼭지를 잘라내고 얇게 썹니다.

3 빵 위에 생크림을 바르고 딸기를 올립니다.

4 그 위에 식빵을 올리고 생크림을 바른 다음 딸기를 올립니다.

5 마지막 식빵을 얹고 윗면과 옆면에 생크림을 골고루 펴 바릅니다. 남은 딸기로 위쪽을 장식합니다. 장식한 딸기에 나빠쥬를 바르면 더욱 먹음직스러운 케이크가 됩니다.

식빵 빼빼로

Reddy

Cooking

1 식빵은 테두리를 잘라내고 원하는 크기로 자릅니다.

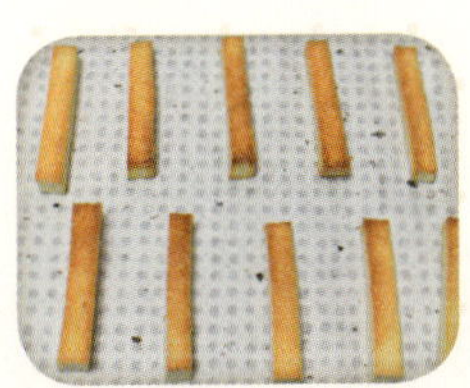

2 자른 식빵은 오븐에서 노릇하게 구워줍니다. 프라이팬을 사용할 때에는 약불에서 앞뒤로 노릇노릇 구워주세요.

3 초콜릿은 중탕으로 서서히 녹입니다. 너무 높은 온도에서 녹이면 덩어리가 생겨 식빵에 바르기 힘들기 때문에 불이 너무 세지 않게 조절하세요. 50℃를 넘지 않는 것이 좋습니다.

4 녹인 초콜릿을 식빵에 바릅니다. 초콜릿이 굳기 전에 스프링클로 장식하고 30분 정도 말립니다.

식빵 맛탕

통식빵 100g, 꿀 1큰술,
물엿 3큰술, 다진 땅콩 1큰술,
검은깨 약간

1 통식빵을 가로세로 2cm 크기로 자릅니다.

2 자른 통식빵은 오일을 두르지 않은 프라이팬에서 앞뒤로 노릇하게 구워주세요.

3 노릇하게 잘 구워진 식빵은 접시에 담아둡니다.

4 팬에 꿀과 물엿을 넣고 저어가며 끓입니다.

5 꿀과 물엿을 끓인 팬에 구워놓은 통식빵을 넣고 버무립니다. 소스가 골고루 입혀졌으면 그릇에 담고 다진 땅콩과 검은깨를 뿌려 마무리합니다.

식빵 컵 애플 파이

26

식빵 2장, 사과 1/2개, 호두 30g,
설탕 2큰술, 시나몬파우더 1작은술
(시나몬파우더는 생략 가능)

1 호두는 고소한 맛이 나도록 오일을 두르지 않은 채 프라이팬에 미리 볶아둡니다.

2 사과는 0.5cm 크기로 깍둑썰기하고 호두는 잘게 다집니다.

3 사과, 호두, 설탕, 시나몬파우더를 넣고 갈색 빛이 날 때까지 약불에서 오래 조립니다.

4 타지 않도록 저어가며 익히고, 사과의 수분을 충분히 날립니다.

5 밥그릇에 오일을 약간 바릅니다.

6 테두리를 잘라낸 식빵을 밥그릇에 넣어줍니다.

7 식빵에 사과 조림을 넣고 180℃로 예열한 오븐에서 10분 정도 구워냅니다.

Cup pizza

식빵 컵 피자

주재료: 식빵 2장, 닭가슴살 50g, 칵테일 새우 4마리, 양파 1/4개, 빨강·노랑 파프리카 1/4개씩, 모짜렐라 치즈 3큰술, 토마토소스 2큰술, 파슬리 가루
닭가슴살 밑간 재료: 소금 한 꼬집, 후추 약간, 맛술 1작은술

1 닭가슴살은 흐르는 물에 씻은 후 1cm 크기로 깍둑 썰기합니다.

2 자른 닭가슴살에 소금, 후추, 맛술을 넣어 밑간을 해 둡니다.

3 양파와 파프리카는 닭가슴살과 비슷한 크기로 자릅니다.

4 달궈둔 프라이팬에 오일을 약간 두르고 닭가슴살을 익힙니다.

5 밥그릇에 오일을 살짝 바릅니다.

6 테두리를 자른 식빵을 밥그릇에 담은 후 모짜렐라 치즈를 약간 넣습니다.

7 양파와 파프리카를 넣습니다. 오븐에서 익히기 때문에 양파와 파프리카는 생으로 넣어도 좋지만, 좀 더 익힌 채소를 원한다면 미리 프라이팬에 살짝 볶아서 넣어주세요.

8 그 위에 토마토소스를 1큰술씩 얹습니다.

9 닭가슴살을 올립니다.

10 모짜렐라 치즈를 올리고 파슬리 가루를 약간 뿌린 다음 200℃로 예열한 오븐에서 약 10분 정도 익힙니다.

Sweet photato pizza
식빵 고구마피자

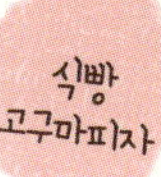

Reddy

Cooking

1 양파, 피망, 파프리카는 잘게 자릅니다.

2 달궈놓은 프라이팬에 오일을 약간 두르고 양파, 피망, 파프리카를 볶아줍니다.

3 고구마는 삶아서 으깹니다.

4 으깬 고구마에 꿀, 양파, 피망, 파프리카를 넣고 골고루 잘 섞어줍니다.

5 식빵 한 면에 토마토소스를 바릅니다.

6 토마토소스를 바른 식빵 위에 4의 토핑을 듬뿍 올립니다.

7 그 위에 식빵 한 장을 올리고 토마토소스를 발라주세요.

8 다시 4의 토핑을 올리고 그 위에 모짜렐라 치즈를 얹어주세요. 전자레인지에 넣고 치즈가 녹을 때까지 익히거나, 180℃로 예열한 오븐에서 약 10분 정도 구워냅니다.

Hot dog

식빵 핫도그

Ready

식빵 1장, 양상추 20g, 소시지 1개,
오이피클 3개, 토마토케첩,
머스터드소스

Cooking

1 소시지는 어슷하게 칼집
을 넣어줍니다.

2 칼집을 넣은 소시지는 끓
는 물에 3분 정도 데친 후
물기를 제거합니다.

3 식빵은 양옆의 테두리만
자릅니다.

4 식빵을 반으로 접은 후 그
사이에 양상추, 피클, 소시
지를 넣습니다.

5 기호에 맞게 토마토케첩
이나 머스터드소스를 뿌
려줍니다.

 **Bugger**

식빵 버거 

주재료: 식빵 2장, 피클 4개, 양상추 2장, 슬라이
스 치즈 1장, 양파 1/4개, 토마토 적당량
패티 재료: 돼지고기 50g, 소고기 50g, 계란 1개,
빵가루 3큰술, 소금 1/2작은술, 후추 1/2작은술,
마늘 1큰술
소스 재료: 브라운소스 2큰술, 토마토케첩 1큰술

1 식빵을 원형 틀이나 밥그
릇으로 눌러 동그랗게 찍
어주세요.

2 오일을 두르지 않은 팬에
잘라낸 식빵의 한 면을 살
짝 구워줍니다.

3 패티 재료를 모아 잘 섞은
후 동그랗게 모양을 잡아
주세요. 패티는 익으면 크
기가 조금 작아지므로 빵
보다 약간 크게 만듭니다.
또 익을 때 수축하면서 가
운데가 볼록하게 되므로
가운데를 살짝 눌러주면
서 익혀야 패티가 평평하
게 됩니다.

4 프라이팬에 오일을 살짝
두르고 패티를 구워줍니다.

5 양파는 얇게 채썰어주세요.

6 채썬 양파는 브라운소스,
토마토케첩을 넣고 볶습
니다.

7 식빵의 구워진 면이 안쪽
으로 오게 하고 슬라이스
치즈, 패티, 양파, 피클, 토
마토, 양상추를 차례로 올
립니다.

# Honey bread

허니 브래드

통식빵이 없으면
일반식빵 3장 정도를
겹쳐서 만드세요.

통식빵 110g, 버터 40g, 꿀 2큰술,
아이스크림

꿀은 메이플 시럽으로
대체할 수 있습니다.

Ready

Cooking

1 식빵을 가로 2줄, 세로 2
줄로 칼집을 넣어줍니다.
이때 끝까지 자르지 않고
식빵의 2/3 지점까지만
자릅니다.

2 칼집을 넣은 사이사이에
꿀을 골고루 넣어주세요.

3 꿀을 넣은 식빵 위에 버터
를 올립니다. 더욱 잘 스며
들도록 칼집을 넣은 사이에
버터를 넣어도 좋습니다.

4 200℃로 예열한 오븐에서
10분 정도 노릇하게 구운
다음 입맛에 따라 시나몬
가루나 아이스크림을 곁
들여 냅니다.

Tarte tatin
식빵 타르트타탕

식빵 1장, 사과 1개, 버터 10g,
설탕 30g, 시나몬 가루 1작은술
(시나몬 가루는 생략 가능)

Reddy

Cooking

1 사과는 껍질과 씨를 제거
하고 8등분합니다.

2 프라이팬에 버터를 넣어
녹입니다.

3 녹인 버터에 설탕을 넣고
잘 녹여줍니다.

4 설탕이 녹으면 시나몬 가
루를 넣고 섞은 다음 사과
를 넣어줍니다.

5 10~15분 정도 사과를 조
립니다.

6 조려진 사과는 내열용기
에 가지런히 담아둡니다.

7 사과 위에 식빵을 올린 다
음 200℃로 예열한 오븐
에서 15분 정도 구워주세
요. 완성된 타르트타탕은
뒤집어서 그릇에 담아냅
니다.

식빵 치즈스틱

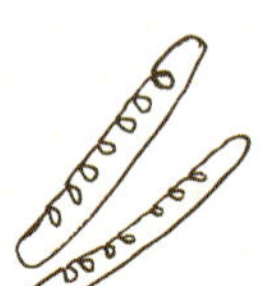

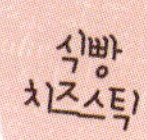

식빵 5장, 스트링 치즈 5개(스트
링 치즈 대신 모짜렐라 치즈 사용
가능), 달걀 1개, 빵가루 3큰술, 파
슬리 가루 1/2큰술

1 식빵은 테두리를 잘라냅
니다.

2 테두리를 잘라낸 식빵을
밀대로 얇게 밀어주세요.
이때 식빵이 딱딱하면 잘
밀어지지 않으므로 전자
레인지에 10초 정도 데워
서 사용하세요.

3 달걀은 골고루 잘 풀어둡
니다.

4 얇게 민 식빵에 붓으로 달
걀물을 골고루 발라줍니다.

5 달걀물을 바른 식빵 위에
스트링 치즈를 올려 돌돌
말아줍니다.

6 치즈가 흘러나오지 않도록
양옆을 잘 눌러주세요.

7 스트링 치즈를 넣어 말아
둔 식빵에 붓으로 골고루
달걀물을 발라줍니다.

8 빵가루와 파슬리 가루를
함께 섞어줍니다.

9 달걀옷을 입힌 식빵에 빵
가루가 골고루 묻도록 잘
굴려줍니다.

10 200℃로 예열한 오븐에서
10분 정도 노릇하게 구워
줍니다.

Cookies
식빵 쿠키 

식빵 2장, 달걀 1개, 설탕 2½큰술,
포도씨유 2큰술(해바라기씨유로 대
체 가능), 슬라이스 아몬드 20g, 건
포도 20g

1 달걀을 풀어줍니다.

2 잘 풀어놓은 달걀에 설탕
을 넣고 섞어주세요.

3 설탕을 잘 녹인 후 포도씨
유를 넣습니다.

4 식빵은 손으로 잘게 찢습
니다.

5 3에 식빵, 슬라이스 아몬
드, 건포도를 넣습니다.

6 식빵에 달걀물이 골고루
스며들도록 살짝 버무려
줍니다.

7 6의 반죽을 먹기 좋은 크
기로 살짝 뭉쳐 오븐팬에
올린 다음 180℃로 예열
한 오븐에서 10~15분 정
도 노릇하게 구워줍니다.

 ## Bread pudding

브래드 푸딩

식빵 2장, 달걀 1개, 우유 100ml,
설탕 50g, 슬라이스 아몬드 1큰술,
건포도 1큰술, 데코 스노우

1 식빵을 9등분합니다.

2 그라탕 용기 안쪽에 오일
을 약간 발라줍니다.

3 잘라놓은 식빵을 그라탕
용기에 담아주세요.

4 식빵 위에 건포도와 아몬
드를 올립니다.

5 달걀에 우유와 설탕을 넣고
잘 섞은 다음 식빵 위에 골고
루 뿌려줍니다. 그리고 180℃
로 예열한 오븐에서 중탕으로
20~25분 동안 익힙니다(오
븐팬에 물을 붓고 그 위에 그
라탕 용기를 올려서 익혀도
됩니다). 완성된 식빵 푸딩은
데코 스노우로 장식합니다.

통식빵 그라탕

Reddy

Cooking

1 소금을 약간 넣은 물에 먹기 좋은 크기로 자른 감자를 넣고 익힙니다.

2 익은 감자는 물기를 제거해둡니다.

3 양파와 파프리카를 적당한 크기로 자릅니다.

4 오일을 두른 팬에 양파와 파프리카를 살짝 볶아줍니다.

5 통식빵을 준비합니다.

6 준비된 통식빵의 속을 네모난 모양으로 파냅니다.

7 통식빵 안에 감자, 양파, 파프리카를 넣어줍니다.

8 감자, 양파, 파프리카를 채운 식빵 위에 크림소스를 얹습니다.

9 모짜렐라 치즈와 파슬리 가루를 올리고 200℃로 예열한 오븐에서 15분 정도 노릇하게 익힙니다.

Sweet and sour bread
식빵 탕수육

주재료: 식빵 2장, 검은깨 약간
소스 재료: 물 1컵, 매실청 5큰술(매실청이 없으면 설탕 3큰술, 식초 2큰술로 대체 가능), 키위 1개, 사과 1/4개, 파인애플 한 조각, 녹말물(전분 1큰술, 물 1큰술)

Ready

Cooking

1 식빵을 16등분합니다.

2 180℃로 예열한 오븐에서 10분 정도 바삭하게 구워줍니다(오일을 두르지 않은 프라이팬에서 구워도 좋습니다).

3 사과, 파인애플, 키위를 먹기 좋은 크기로 자릅니다.

4 전분 1큰술과 물 1큰술을 섞어 녹말물을 만듭니다.

5 물에 매실청을 넣고 한번 끓으면 사과와 파인애플을 넣어 끓입니다.

6 5에 녹말물을 넣고 섞어 소스를 걸쭉하게 만듭니다.

7 키위를 넣어 소스를 완성한 후 구운 식빵에 소스를 곁들여 냅니다.

Bruschetta

식빵 브루스케타

식빵 2장, 방울토마토 6개, 양파 30g,
다진 마늘 1작은술, 올리브유 1½큰술,
레몬즙 1/2작은술, 꿀 1/2작은술, 소금,
후추, 꿀(꿀은 설탕으로 대체 가능), 바질
가루(바질 가루 대신 생바질 사용 가능)

1 식빵을 4등분합니다.

2 올리브유에 다진 마늘을
넣고 섞어줍니다.

3 식빵에 2를 골고루 바른
후 160℃로 예열한 오븐
에서 10분 정도 노릇하게
구워줍니다.

4 방울토마토와 양파는 잘
게 자릅니다.

5 4에 레몬즙과 꿀, 소금, 후
추, 바질 가루를 약간 넣고
섞어줍니다.

6 구운 식빵에 5를 올립니다.

Peanut rusk
식빵 땅콩 러스크

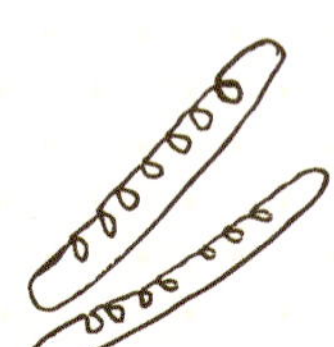

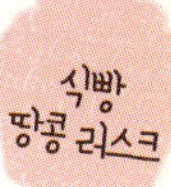

1 땅콩을 잘게 다집니다.

2 버터를 녹여주세요. 이때 버터를 너무 많이 녹여서 물처럼 묽어지면 완성된 러스크의 바삭함이 사라지기 때문에, 크림 정도의 농도가 되도록 살짝만 녹입니다.

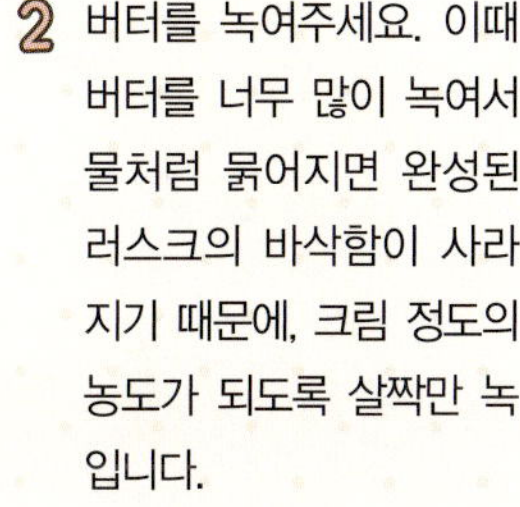

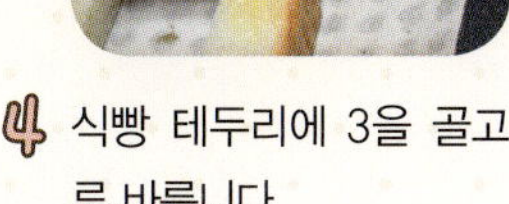

3 녹인 버터에 설탕을 넣고 섞어줍니다.

4 식빵 테두리에 3을 골고루 바릅니다.

5 다진 땅콩을 뿌린 다음 200℃로 예열한 오븐에 10분 정도 구워주세요.

Crouton salad
크루통 샐러드

주재료: 식빵1장, 베이비 채소 50g
드레싱 재료: 골드키위 1개, 다진 양파1큰숱, 설탕1큰숱, 소금, 후추

Ready

Cooking

1 식빵을 1cm 크기의 정사각형으로 자릅니다.

2 미리 달궈둔 프라이팬에 오일을 두르고 자른 식빵을 노릇하게 구워 크루통을 만듭니다.

3 키위와 설탕을 믹서기에 넣고 갈아줍니다.

4 양파는 다져서 준비합니다.

5 3과 4를 섞은 다음 소금과 후추를 약간 넣어 드레싱을 완성합니다.

6 채소 위에 크루통을 올리고 드레싱을 곁들여 냅니다.

02
식빵으로 만드는 든든한
샌드위치
Bread & Tortilla

Salad sandwich
샐러드 샌드위치

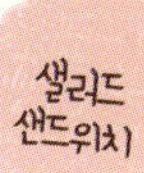

Reddy

주재료: 식빵 2장, 과일 잼, 베이비 채소 30g, 토마토 1/2개

드레싱 재료: 올리브유 1½큰술, 레몬즙 2작은술, 설탕 2작은술, 소금·후추 약간씩

Cooking

1 식빵은 노릇하게 구워 준비합니다.

2 식빵 1장에 과일 잼을 펴 바르고 다른 식빵을 그 위에 올립니다.

3 드레싱 재료를 혼합하여 드레싱을 만듭니다.

4 깨끗하게 씻어 물기를 제거한 베이비 채소에 드레싱을 넣고 살짝 버무립니다.

5 토마토를 알맞은 크기로 자릅니다. 2의 식빵 위에 버무린 채소와 토마토를 듬뿍 올립니다.

Kimchi fried rice sandwich

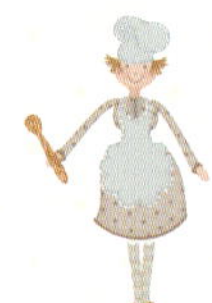

김치볶음밥 샌드위치

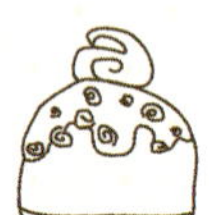

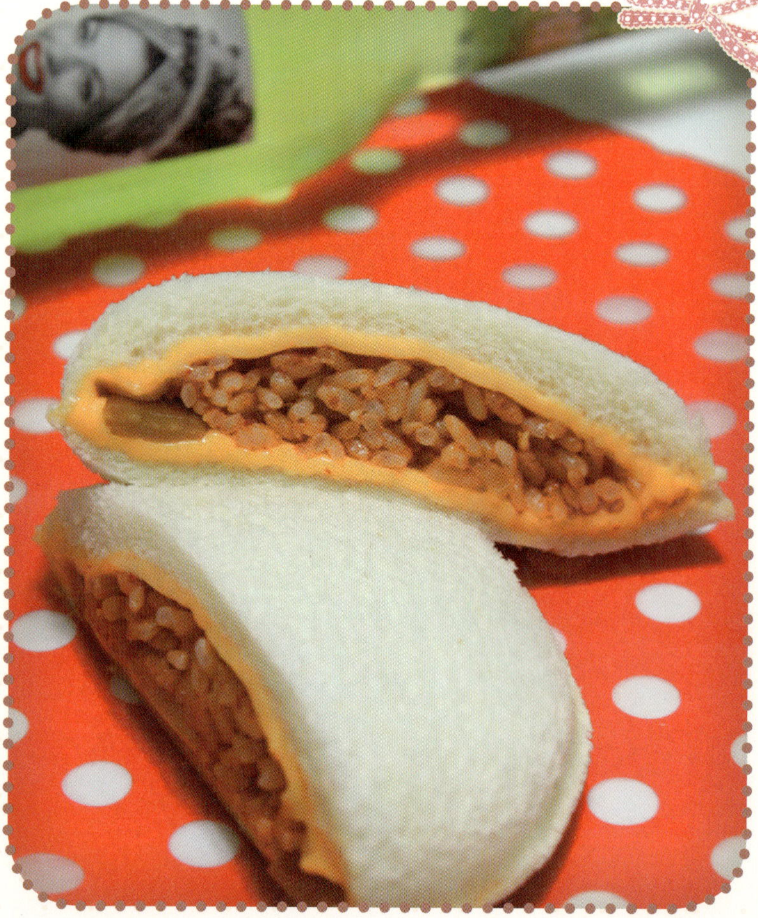

Reddy

식빵 2장, 김치 30g, 다진 양파
30g, 밥 1/4공기, 슬라이스 치즈
2장, 토마토케첩 1큰술

Cooking

1 김치는 속을 털어낸 후 송송 썰고, 양파는 잘게 다집니다. 예열한 프라이팬에 오일을 두르고 김치와 양파를 넣어 볶다가 토마토케첩을 넣고 볶아줍니다.

2 1에 밥을 넣어 함께 볶습니다.

3 불을 끄고 참기름을 약간 둘러준 후 마무리합니다.

4 식빵 위에 슬라이스 치즈 1장을 올리고 볶음밥을 얹어줍니다.

5 그 위에 다시 슬라이스 치즈 1장을 얹고 식빵을 올립니다.

6 밥그릇이나 원형 틀로 살살 눌러가며 동그란 모양으로 찍어줍니다. 이때 빵이 너무 딱딱하면 샌드위치가 찢어질 수 있으므로, 전자레인지에 10초 정도 돌린 후 부드러운 상태에서 하면 모양 찍기가 잘 됩니다.

7 테두리 부분을 제거합니다.

8 완성된 포켓 샌드위치는 반으로 잘라 먹기 좋게 냅니다.

Tuna sandwich

참치샌드위치

식빵 2장, 통조림 참치 80g,
오이피클 6개, 파프리카 1/6개,
마요네즈 3큰술

Ready

Cooking

1 오이피클과 파프리카는 잘게 다집니다.

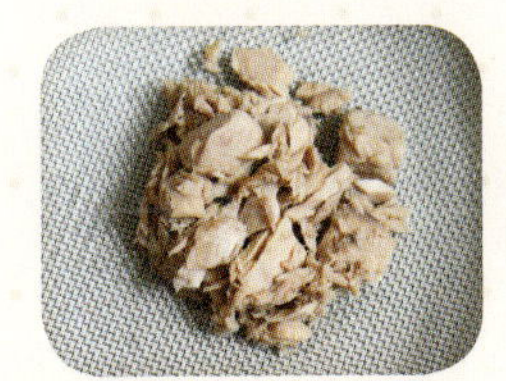

2 참치는 끓는 물에 살짝 데쳐 기름기를 제거한 후 체에 받쳐 물기를 제거합니다.

3 참치와 오이피클, 파프리카에 마요네즈를 넣어 버무립니다.

4 식빵 위에 버무린 속 재료를 올리고 다른 식빵으로 덮어 먹기 좋은 크기로 자릅니다.

 ## Potato sandwich

감자 샌드위치 

식빵 2장, 감자(大) 1/2개, 사과
1/4개, 파프리카 1/4개(파프리
카 대신 오이 사용 가능), 마요네
즈 5큰술

1 사과는 껍질을 깎아 자른 다음 갈변 현상을 방지하기 위해 설탕물에 5분 정도 담가놓습니다.

2 사과와 파프리카를 잘게 다집니다.

3 감자는 소금을 약간 넣은 물에 삶은 다음 으깹니다.

4 으깬 감자에 사과, 파프리카, 파슬리 가루, 마요네즈를 넣고 섞어줍니다.

5 식빵 위에 속 재료를 얹은 다음 나머지 식빵으로 그 위를 덮고 먹기 좋게 잘라 냅니다.

Monte cristo sand
몬테크리스토 샌드위치 

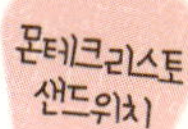

Ready

식빵 3장, 계란 2개, 슬라이스
치즈 2장, 슬라이스 햄 2장, 머
스터드소스

Cooking

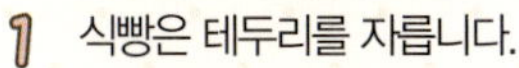

1 식빵은 테두리를 자릅니다.

2 2장의 식빵에 머스터드소스를 바릅니다.

3 그 위에 슬라이스 치즈를 각각 올립니다.

4 슬라이스 치즈 위에 슬라이스 햄을 올립니다.

5 치즈와 햄을 얹은 2개의 식빵을 겹쳐둡니다. 그리고 나머지 식빵을 그 위에 얹습니다.

6 계란은 잘 풀어서 체에 한번 걸러 알끈을 제거합니다.

7 식빵에 달걀물을 입혀주세요. 앞뒤뿐만 아니라 옆면도 골고루 달걀물을 입힙니다.

8 예열한 팬에 오일을 두르고 익힙니다.

9 옆면이 벌어지지 않도록 식빵을 세워서 옆면까지 꼼꼼하게 익혀주세요.

10 완성된 샌드위치는 4등분한 다음 슈거 파우더를 뿌려 장식합니다. 잼을 곁들이면 더욱 맛있게 즐길 수 있습니다.

Club sandwich

클럽 샌드위치 

Reddy

Cooking

1 프라이팬에 베이컨을 구
워줍니다.

2 식빵은 노릇하게 구워 준
비합니다.

3 식빵 위에 마요네즈를 펴
바릅니다.

4 얇게 슬라이스한 토마토
를 올리고 그 위에 베이컨
3장을 올립니다.

5 그 위에 양상추를 올리고
식빵을 덮은 다음 다시 마
요네즈를 바릅니다.
그리고 그 위에 슬라이스
치즈를 얹어주세요.

6 남은 베이컨 3장, 토마토,
양상추의 순서로 올리고
남은 식빵으로 덮습니다.
먹기 좋은 크기로 잘라서
냅니다.

Croque monsieur

크로크무슈 

Reddy

Cooking

1 팬에 버터를 녹입니다.

2 녹인 버터에 밀가루를 넣어줍니다.

3 우유를 넣고 걸쭉한 농도가 되도록 약불에서 끓입니다.

4 3~4분 정도 끓이면 베사멜소스가 완성됩니다.

5 식빵 위에 만들어둔 베사멜소스를 듬뿍 올리고 슬라이스 햄과 치즈를 얹어줍니다.

6 식빵을 위에 덮고 다시 베사멜소스를 바른 다음 모짜렐라 치즈를 올립니다. 그리고 180℃로 예열한 오븐에서 모짜렐라 치즈가 녹을 때까지 익힙니다.

연어롤 샌드위치

식빵 2장, 훈제연어 2쪽, 아스파
라거스 2개(상추나 양상추로 대
체가능), 머스터드소스

1 아스파라거스는 채칼을
이용해서 껍질을 얇게 벗
깁니다.

2 팬에 오일을 약간 두르고
아스파라거스를 살짝 구
워줍니다.

3 밀대로 얇게 민 식빵에 머
스터드소스를 펴 바릅니다.

4 훈제연어와 아스파라거스
를 올리고 식빵을 돌돌 말
아 왁스 페이퍼로 고정시
킨 다음 2등분합니다.

banana roll rosandwich
바나나롤 샌드위치

식빵 2장, 바나나 2개,
땅콩버터 3 큰술

Cooking

1 식빵은 테두리를 잘라냅
니다.

2 테두리를 잘라낸 식빵은
밀대로 얇게 밀어주세요.

3 땅콩버터를 식빵 전체에
펴 바릅니다.

4 식빵 크기에 맞게 자른 바
나나를 올리고 돌돌 말아
줍니다.

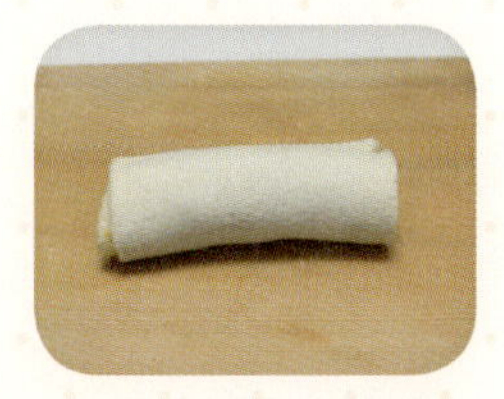

5 식빵 끝부분에 땅콩버터
를 발라 완전히 접착되도
록 한 다음 2cm 두께로
잘라냅니다.

03
손쉽게 만드는
토스트

Bread & Tortilla

hi toast

하이토스트

Reddy

Cooking

1 버터는 전자레인지에 3초 정도만 살짝 녹인 후 파슬리 가루를 넣고 섞어줍니다. 버터를 너무 묽은 상태로 녹이면 토스트가 눅눅해지기 때문에 걸쭉한 정도로 녹이는 것이 좋습니다.

2 통식빵은 대각선으로 자릅니다.

3 녹인 버터를 요리 솔로 통식빵에 바릅니다. 통식빵을 직접 버터에 담그면 식빵이 무거워져서 모양이 망가질 수 있기 때문에 요리 솔을 이용해 발라주는 것이 좋습니다.

4 넓은 접시에 설탕을 담고 식빵을 굴려 설탕을 묻힌 후 180℃로 예열한 오븐에서 10분 정도 노릇하게 구워냅니다.

 # kimchi toast

김치토스트 

식빵 1장, 김치 100g, 양파 1/2개,
토마토케첩 2큰술, 모짜렐라 치즈
3큰술

1 양파는 얇게 어슷썰기합
니다.

2 예열한 프라이팬에 오일
을 두르고 양파와 김치를
넣어 볶아줍니다.

3 토마토케첩을 넣고 함께
볶습니다. 토마토케첩을
넣으면 김치의 신맛이 완
화되어 맛이 겉돌지 않습
니다.

4 식빵 위에 볶은 김치를 올
립니다.

5 모짜렐라 치즈를 얹은 다
음 180℃로 예열한 오븐
에서 치즈가 녹을 때까지
익힙니다. 프라이팬에 올
리고 뚜껑을 닫아 약불에
서 치즈가 녹을 때까지 익
혀도 좋습니다.

Strawberry compote french toast
딸기콤포트 프렌치토스트

Ready

Cooking

1 달걀은 깨뜨려서 풀어둡니다.

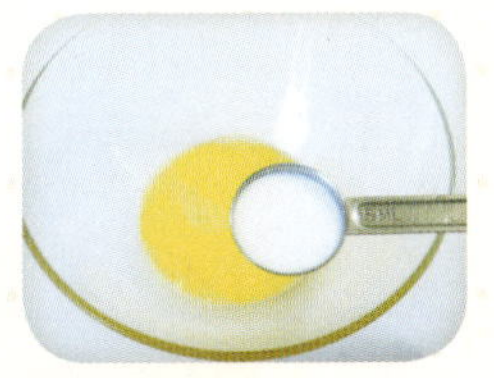

2 풀어놓은 달걀에 우유를 넣고 섞어줍니다.

3 식빵을 담가 충분히 적십니다.

4 달궈둔 프라이팬에 오일을 살짝 두르고 식빵을 앞뒤로 노릇하게 구워 프렌치토스트를 완성합니다.

5 꼭지를 제거한 딸기를 반으로 잘라 설탕과 함께 프라이팬에 넣고 조린 다음 프렌치토스트 위에 올립니다.

Banana toast

바나나토스트

Reddy

Cooking

1 식빵은 앞뒤로 노릇하게 구워줍니다.

2 프라이팬에 설탕을 녹입니다. 설탕을 녹일 때에는 젓지 말고 녹을 때까지 기다리세요. 설탕이 완전히 녹기 전에 저으면 결정이 생겨서 딱딱해집니다.

3 설탕이 녹으면 0.5cm 두께로 자른 바나나를 넣고 녹은 설탕을 골고루 묻힙니다.

4 식빵 위에 3의 바나나를 올립니다.

5 다시 그 위에 식빵 1장을 올린 다음 나머지 바나나를 올리고 초코시럽을 뿌려 마무리합니다.

# Garlic toast
마늘토스트 

Reddy

여기서는 생파슬리를
사용했는데 건조 파슬리 가루를
사용해도 좋습니다.

Cooking

1 마늘을 다져서 올리브유를 넣고 다진 마늘과 파슬리를 섞어줍니다.

2 식빵은 2등분 합니다.

3 1의 소스를 식빵에 바른 다음, 180℃로 예열한 오븐에서 약 10분 정도 노릇하게 구워냅니다.

Part 02

Bread & Tortilla
또띠아
요리
Homestead
4x/
with
It Days to live

토마토소스

Reddy

토마토 200g, 양파 60g, 마늘 1쪽, 바질가루 1작은술, 소금, 후추 약간씩

Cooking

1 토마토는 칼집을 넣어 끓는 물에 살짝 데칩니다. 데친 토마토의 껍질을 벗기고 잘게 다집니다.

2 양파와 마늘을 다진 다음 팬에 올리브유를 두르고 마늘을 넣어 볶다가 양파를 넣고 함께 볶아주세요.

3 다진 토마토, 소금, 후추, 바질 가루를 넣고 약불에서 끓입니다. 수분이 어느 정도 날아가고 걸쭉해지면 완성입니다.

크림소스

Reddy

버터 30g, 밀가루 30g, 우유 200ml, 소금, 후추

Cooking

1 팬에 버터를 녹입니다.

2 버터가 녹으면 밀가루를 넣고 섞은 다음 약불에서 살짝 익혀주세요.

3 준비한 우유를 2~3번에 걸쳐 나누어 넣으면서 섞어주세요.

4 걸쭉한 농도가 되면 기호에 따라 소금과 후추를 넣어 마무리합니다.

살사소스

Reddy

토마토 1/4개, 양파 1/4개, 피망 15g, 토마토케첩 4큰술, 핫소스 1큰술, 레몬즙 1큰술, 소금, 후추 약간씩

Cooking

1 토마토는 끓는 물에 살짝 데쳐 껍질을 벗긴 다음 작게 썰어주세요.

2 양파와 피망은 잘게 다집니다.

3 모든 재료를 섞은 다음 소금과 후추로 간을 합니다.

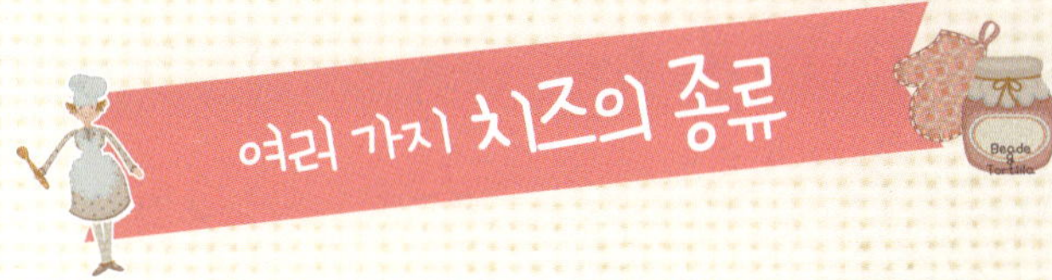

● 피자 치즈로 널리 알려진 모짜렐라 치즈는 이탈리아가 원산지입니다. 숙성기간이 거의 없는 비숙성 치즈이기 때문에 치즈 특유의 냄새가 없어 누구나 부담 없이 즐길 수 있지만, 유통기한이 짧은 것이 단점입니다. 피자를 만들 때에는 블럭형 모짜렐라 치즈를 사용해도 좋고, 토핑용으로 잘게 채썰어진 모짜렐라 치즈를 사용해도 좋습니다.

모짜렐라 치즈

● 고르곤졸라 치즈는 이탈리아의 치즈입니다. 대표적인 푸른곰팡이 치즈이며 향이 강하지만 부드럽습니다. 고르곤졸라 치즈는 숙성 정도에 따라 비앙코, 돌체, 피칸테로 나누는데 숙성도가 낮은 돌체는 파스타에 적합하고, 숙성도가 높은 피칸테는 주로 피자에 사용합니다.

고르곤졸라 치즈

● 프랑스의 노르망디 지방에서 처음 생산된 까망베르 치즈는 크림처럼 부드러운 치즈입니다. 빵에 발라먹거나 애피타이저, 디저트용으로 사용합니다. 대표적인 연질 치즈입니다.

까망베르 치즈

● 경질 치즈인 그라나파다노 치즈는 이탈리아 요리에 빠지지 않는 치즈입니다. 알갱이가 씹히는 질감과 지방 함량이 적은 것이 특징이며 갈아서 샐러드나 파스타, 피자에 뿌려먹습니다.

그라나파다노 치즈

● 연질 치즈 중 가장 오래된 치즈입니다. 향은 은은하며 말랑말랑하고 부드러운 질감이 특징입니다. 과일과 잘 어울립니다.

탈레지오 치즈

● 영국이 원산지인 체다 치즈는 전 세계적으로 가장 많이 소비되는 치즈입니다. 우리나라에는 슬라이스 치즈로 많이 알려져 있습니다. 잘 녹는 성질과 부드럽고 풍부한 맛이 특징이며, 각종 요리에 사용됩니다.

체다 치즈

04

10분 뚝딱,
또띠아 피자

 # Gorgonzola pizza
고르곤졸라 피자 

또띠아 1장(10인치), 고르곤졸라 치즈
(피칸테) 30g, 모짜렐라 치즈 60g,
다진 마늘 10g, 올리브유 2작은술, 꿀
2큰술, 다진땅콩 1작은술

Reddy

고르곤졸라 치즈의 양은
취향에 따라 가감하세요.

Cooking

1 올리브유에 다진 마늘을
넣어 섞은 다음 또띠아에
골고루 발라주세요.

2 잘게 부순 고르곤졸라 치
즈를 골고루 올립니다.

3 그 위에 모짜렐라 치즈를
올려주세요.

4 190℃로 예열한 오븐에서
8~10분 정도 구워줍니다.
프라이팬을 사용할 때에
는 뚜껑을 덮고 약불에서
치즈가 녹을 때까지 익힙
니다.

5 다진 땅콩을 넣은 꿀을 곁
들여 냅니다.

Almais pizza

알마이스 피자

Ready

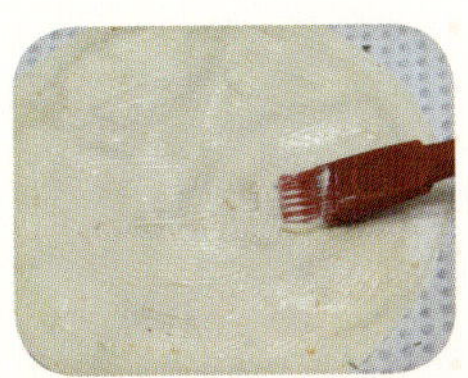

Cooking

1 또띠아에 크림소스를 바릅니다.

2 그 위에 스위트콘을 골고루 올립니다.

3 모짜렐라 치즈를 얹고 파슬리 가루를 뿌립니다.

4 180℃로 예열한 오븐에서 7~8분 정도 익힙니다.

Rucola pizza
루꼴라 피자

Reddy

루꼴라 잎의 양은
취향에 따라 가감하세요.

Cooking

1 또띠아에 토마토소스를
바릅니다.

2 그 위에 모짜렐라 치즈를
올립니다.

3 180℃로 예열한 오븐에서
7~8분 정도 익힙니다.

4 루꼴라 잎을 얹은 다음 발
사믹 식초를 뿌립니다.

 # Margherita pizza
마르게리따 피자

또띠아 1장(10인치), 바질 잎 8~10장,
모짜렐라 치즈 70g, 토마토소스 3 큰술

1 바질 잎은 채썰어둡니다.

2 또띠아에 토마토소스를 바릅니다.

3 그 위에 모짜렐라 치즈를 올립니다.

4 채썬 바질 잎을 골고루 올려주세요.

5 190℃로 예열한 오븐에서 7~10분 정도 구워줍니다.

까망베르 피자

또띠아 1장(10인치), 까망베르 치즈 60g, 모짜렐라 치즈 70g, 올리브유 1큰술, 파슬리 가루

1 또띠아에 올리브유를 바릅니다.

2 6조각으로 자른 까망베르 치즈를 일정한 간격으로 올립니다.

3 모짜렐라 치즈를 올립니다.

4 파슬리 가루를 뿌린 후 180℃로 예열한 오븐에서 10분 정도 구워줍니다.

꽈뜨르 포르마지 피자

또띠아 1장(10인치), 고르곤졸라 치즈(피칸테) 15g, 그라나 파다노 치즈 20g, 탈레지오 치즈 20g, 모짜렐라 치즈 70g, 올리브유 1큰술, 다진 마늘 10g

1 고르곤졸라 치즈는 잘게 부수고, 그라나 파다노 치즈와 탈레지오 치즈는 작게 잘라둡니다.

2 올리브유에 다진 마늘을 넣어 섞은 다음 또띠아에 발라주세요.

3 고르곤졸라 치즈, 그라나 파다노 치즈, 탈레지오 치즈를 골고루 올립니다.

4 모짜렐라 치즈를 올리고 180℃로 예열한 오븐에서 10분 정도 구워줍니다.

Banana pizza

바나나 피자

또띠아 1장(10인치), 바나나 1개, 슬라이스 아몬드 15g, 모짜렐라 치즈 50g, 메이플 시럽 2큰술(메이플 시럽은 꿀로 대체가능), 파슬리 가루

1 또띠아에 메이플 시럽을 바릅니다.

2 바나나는 0.5cm 두께로 자릅니다.

3 또띠아 위에 바나나를 올립니다.

4 모짜렐라 치즈를 올립니다.

5 슬라이스 아몬드를 올리고 파슬리 가루를 적당히 뿌린 다음 180℃로 예열한 오븐에서 7~10분 정도 구워줍니다.

Silk squash pizza
단호박 피자

Reddy

또띠아 1장(10인치), 단호박 240g, 우유 35ml, 설탕 50g, 전분 2큰 숙, 모짜렐라 치즈 70g, 슬라이스 아몬드 10g

Cooking

1 단호박을 찜기에서 쪄냅니다. 다음 과정에서 다시 오븐에서 익히기 때문에 70~80% 정도만 익히면 됩니다.

2 익힌 단호박의 60g은 토핑용으로 남기고 나머지 180g은 껍질을 제거하고 잘게 잘라 블렌더에 넣습니다.

3 블렌더에 설탕, 우유, 전분을 넣고 단호박과 함께 곱게 갈아줍니다.

4 3을 또띠아 위에 바릅니다.

5 토핑용 단호박 60g은 5등분합니다.

6 또띠아에 모짜렐라 치즈를 얹고 토핑용 단호박과 슬라이스 아몬드를 올립니다.

7 190℃로 예열한 오븐에서 10~15분 정도 구워줍니다.

Potato pizza
포테이토 피자

또띠아 1장(10인치), 감자 중간 크기 1개, 모짜렐라 치즈 70g, 포도씨유 1큰술, 파슬리 가루, 후추, 파마산 치즈 가루, 소금

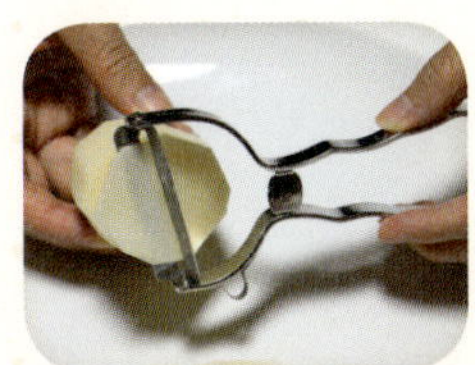

1 감자는 껍질을 벗긴 후 얇게 슬라이스합니다.

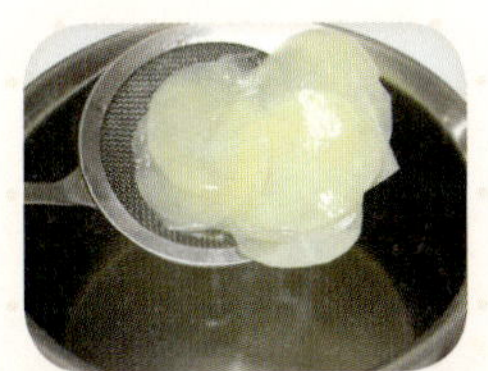

2 냄비에 물과 약간의 소금을 넣고 끓인 다음 감자를 넣고 데칩니다.

3 데친 감자는 물기를 제거한 후 포도씨유를 골고루 발라둡니다.

4 또띠아에 모짜렐라 치즈를 올립니다.

5 데친 감자를 올리고 후춧가루, 파슬리 가루, 파마산 치즈 가루를 적당히 뿌립니다. 200℃로 예열한 오븐에서 10분 정도 구워줍니다.

Eggplant pizza
가지 피자

Reddy

또띠아 1장(10인치), 가지 1/2개,
빨강 파프리카 10g, 모짜렐라 치
즈 70g, 토마토소스 2큰술

Cooking

1 가지는 소금과 후추를 약
간 뿌린 후 오일을 두른
프라이팬에 살짝 볶아줍
니다.

2 또띠아에 토마토소스를
바릅니다.

3 모짜렐라 치즈를 올립니다.

4 볶은 가지와 파프리카를
보기 좋게 올리고 180℃
로 예열한 오븐에서 10분
정도 구워줍니다.

Hawaiian pizza

하와이안 피자

1 파인애플은 적당한 크기
로 자르고 체리는 2등분
합니다.

2 또띠아에 마요네즈를 바
릅니다.

3 준비한 모짜렐라 치즈를
절반만 올립니다.

4 파인애플과 체리를 올리
고 남은 모짜렐라 치즈를
얹은 다음 190℃에서 10
분 정도 구워줍니다.

05
또띠아
샌드위치

Bread & Tortilla

Chicken sandwich
치킨 또띠아 샌드위치

Reddy

Cooking

1 닭가슴살은 흐르는 물에 씻어 물기를 제거한 다음 길게 세로로 썰어주세요.

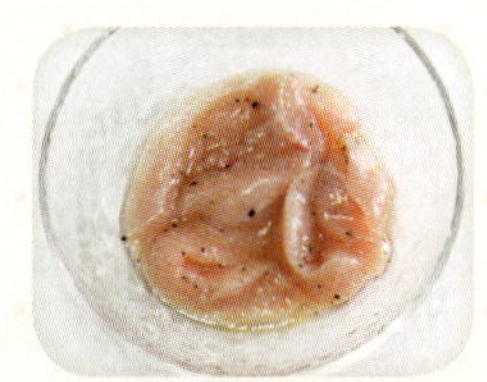

2 손질한 닭가슴살에 밑간 재료를 넣어 재어둡니다.

3 피망, 빨강·노랑 파프리카, 적양배추는 채썰어주세요.

4 피망, 빨강·노랑 파프리카는 오일을 두른 팬에 살짝 볶아줍니다.

5 2의 닭가슴살을 프라이팬에서 앞뒤로 노릇노릇 익힙니다.

6 또띠아 위에 양상추, 닭가슴살, 4의 야채의 순서로 올립니다.

7 김밥을 말듯 또띠아를 돌돌 말아 종이호일 등으로 고정시킵니다.

Spring onion sandwich
파닭 또띠아 샌드위치 

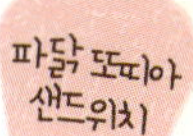

Reddy

주재료: 또띠아(8인치) 2장, 닭가슴
살 150g, 대파 흰대(10cm) 4대
닭가슴살 양념 재료: 간장 1큰술, 맛
술 1큰술, 올리브유 1큰술, 설탕 1작
은술, 소금, 후추

Cooking

1 대파에 세로로 칼집을 넣어 대파 안의 속심을 제거합니다.

2 속심을 제거한 대파의 겉껍질을 둥글게 말아 얇게 채썰어줍니다.

3 파채는 찬물에 담가 아린 맛을 제거합니다.

4 흐르는 물에 씻은 닭가슴살은 세로로 길게 썰어주세요.

5 닭가슴살 양념 재료를 넣어 닭가슴살을 재워둡니다.

6 프라이팬에 닭가슴살을 노릇하게 익혀주세요.

7 또띠아 위에 물기를 제거한 파채와 닭가슴살을 올립니다.

8 먼저 또띠아의 아랫부분을 위로 접어 올립니다. 그다음으로 양옆을 접어 끈이나 종이호일 등으로 고정시킵니다.

Salmon sandwich
연어 또띠아 샌드위치

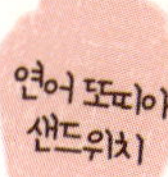

주재료: 또띠아(6인치) 2장, 연어 4쪽,
양상추 2장, 양파 1/4개, 빨강 파프리
카 1/5개
소스 재료: 마요네즈 2큰술, 레몬즙
1작은술

1 양파는 얇게 채썰어 아린 맛을 제거하기 위해 찬물에 담가놓습니다.

2 마요네즈에 레몬즙을 넣고 소스를 만듭니다.

3 또띠아 위에 양상추와 연어를 올립니다.

4 2의 소스를 뿌립니다.

5 채썬 파프리카를 올려주세요.

6 또띠아 양옆을 접어 끈이나 종이호일 등으로 고정시킵니다.

Bread & Tortilla

 # Kimchi quesadillas

김치 퀘사디아 

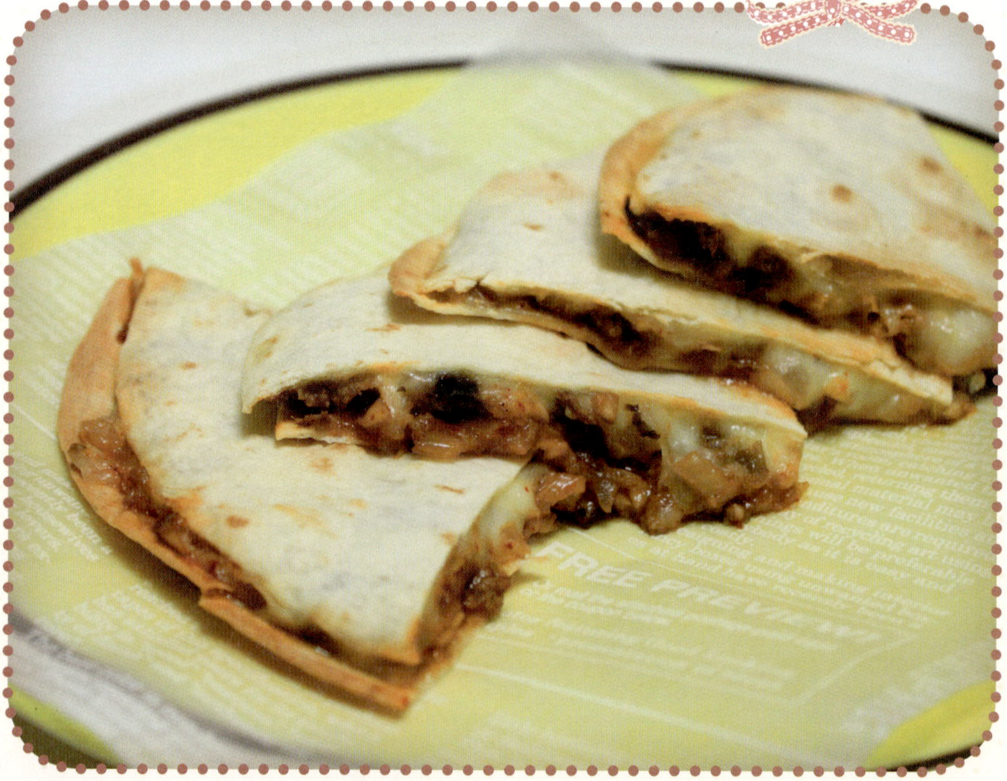

주재료: 또띠아 2장 (10인치), 김치 50g,
소고기 50g, 양파1/4개, 양송이버섯 1개,
모짜렐라 치즈 70g, 토마토케첩 2큰술
소고기 밑간 재료: 맛술 1큰술, 다진 마늘
1작은술, 소금, 후추

Reddy

Cooking

1 소고기는 밑간 재료로 미리 밑간을 해두고, 양파와 양송이버섯은 작게 썰어 주세요.

2 프라이팬에 오일을 두르고 양파를 볶아줍니다.

3 양파가 어느 정도 익으면 밑간해둔 소고기를 넣어 볶습니다.

4 김치와 양송이버섯을 넣고 볶아줍니다.

5 토마토케첩을 넣은 다음 잘 섞어가며 볶습니다.

6 또띠아 위에 준비한 모짜렐라 치즈를 약간 올립니다.

7 그 위에 5를 올립니다.

8 다시 모짜렐라 치즈를 얹은 다음 남은 또띠아 1장을 위에 덮어주세요.

9 180℃로 예열한 오븐에서 15분 정도 구워줍니다.

Chicken quesadillas
치킨 퀘사디아

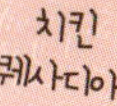

Reddy

주재료: 또띠아 1장(8인치), 닭가슴살 150g, 양파 30g, 피망 20g, 모짜렐라 치즈 60g, 토마토소스 1큰술

닭가슴살 밑간 재료: 맛술 1큰술, 올리브유 1/2큰술, 소금, 후추 약간, 건로즈마리 약간

Cooking

1 닭가슴살은 깍뚝썰기합니다.

2 밑간 재료를 넣어 닭가슴살을 밑간해둡니다.

3 피망과 양파는 적당한 크기로 자릅니다.

4 팬에 2의 닭가슴살을 넣고 익힙니다.

5 프라이팬에 또띠아를 올린 다음 반쪽에만 토마토 소스를 바르고 모짜렐라 치즈를 약간 올립니다.

6 그다음으로 닭가슴살을 올립니다.

7 양파와 피망을 올립니다.

8 남은 모짜렐라 치즈를 모두 얹어줍니다.

9 또띠아를 반으로 접은 다음 프라이팬 뚜껑을 닫은 후 익힙니다.

10 뚜껑을 열고 약불에서 앞뒤로 익혀줍니다.

# Chicken fajita
치킨 파히타

Ready

Cooking

1 닭가슴살은 세로로 길게 잘라주세요.

2 자른 닭가슴살에 밑간 재료를 넣어 밑간을 해둡니다.

3 피망과 빨강·노랑 파프리카, 양파는 가늘게 채썹니다.

4 올리브유를 살짝 두르고 3의 재료를 볶아주세요.

5 닭가슴살은 노릇하게 익힙니다.

6 또띠아는 4등분하고 익힌 닭가슴살과 채소, 살사소스를 곁들여 냅니다.

Shrimp fajita

새우 파히타 

Ready

Cooking

1 새우는 밑간 재료를 넣어 밑간해둡니다.

2 피망, 빨강·노랑 파프리카, 양파는 가늘게 채썹니다.

3 올리브유를 살짝 두르고 2를 볶아주세요.

4 팬에 새우를 넣고 노릇하게 익힙니다.

5 또띠아는 4등분하고 익힌 새우와 채소, 살사소스를 곁들여 냅니다.

07

또띠아
활용 요리

Bread & Tortilla

Chinese pancakes

또띠아 호떡

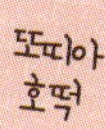

또띠아 3장(6인치), 설탕 3큰술, 호두 20g, 건포도 30g, 시나몬파우더 1큰술, 달걀 1개

1 오일을 두르지 않은 프라이팬에서 호두를 볶아줍니다.

2 볶은 호두는 잘게 다지고, 건포도는 절반으로 자릅니다.

3 설탕, 호두, 건포도, 시나몬파우더를 섞어주세요.

4 달걀은 풀어둡니다.

5 또띠아 위에 3의 속재료를 올리고, 또띠아 가장자리에 달걀물을 바릅니다.

6 또띠아를 반으로 접은 다음 포크로 가장자리가 잘 붙게 꾹꾹 눌러줍니다. 틈이 있으면 설탕이 녹으면서 밖으로 흘러나오기 때문에 꼼꼼하게 눌러주세요.

7 뚜껑이 있는 프라이팬에 또띠아를 올리고 오일을 두르지 않고 약불에서 익힙니다. 뚜껑을 덮고 설탕이 녹을 때까지 약 15분 정도 충분히 익혀주세요.

또띠아 쿠키

Ready

Cooking

1 원하는 모양의 쿠키커터
로 또띠아를 찍어주세요.

2 달걀은 풀어둡니다.

3 또띠아에 붓으로 달걀물
을 바르고 검은깨와 흰깨
를 뿌립니다.

4 180℃로 예열한 오븐에서
5~7분 정도 익힙니다.

Roll

또띠아롤 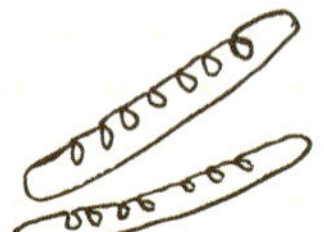

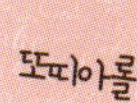

Reddy

Cooking

1 또띠아 끝부분은 남기고 딸기잼을 얇게 발라줍니다. 딸기잼을 너무 많이 바르면 또띠아를 말았을 때 흘러나오기 때문에 적당하게 발라주어야 합니다.

2 또띠아를 돌돌 말아줍니다.

3 200℃로 예열한 오븐에서 7분 정도 구워주세요.

Sweet potato tarte
또띠아 고구마 타르트 

또띠아 1장(8인치), 고구마 180g,
토핑용 고구마 60g, 우유 40ml,
설탕 60g, 전분 2큰술
(지름 15cm 타르트팬을 사용)

1 고구마를 1cm 두께로 잘라 냄비에 담고, 고구마가 잠길 정도로 물을 넣고 익힙니다.

2 타르트팬에 또띠아를 맞추어 넣고 남는 부분은 손으로 꾹 눌러 타르트팬 크기대로 잘라주세요.

3 익힌 고구마 중 180g을 블렌더에 넣습니다.

4 3에 우유와 전분을 넣고 갈아줍니다.

5 익힌 고구마 중 60g은 토핑용으로 사용하기 위해 1cm 크기로 깍뚝썰기합니다.

6 또띠아에 4를 올립니다.

7 깍뚝썰기한 고구마를 올린 다음 180℃로 예열한 오븐에서 15~20분 정도 익힙니다.

Egg tarte

 또띠아 에그타르트 

Ready

또띠아 3장(8인치), 달걀 2개(노른자만 사용), 우유 200ml, 설탕 3½ 큰술, 밀가루 2 큰술, 바닐라익스트랙 2방울(바닐라익스트랙은 생략 가능)

Cooking

1 또띠아는 지름 10cm의 원형 틀을 사용하거나 밥그릇으로 찍어냅니다.

2 머핀틀에 찍어낸 또띠아를 모양을 잡아가며 넣어주세요.

3 흰자에서 달걀노른자를 분리해서 준비합니다.

4 3에 설탕을 넣고 잘 섞어줍니다.

5 밀가루를 넣고 잘 섞어줍니다.

6 냄비에 5를 담고 따뜻하게 데운 우유를 천천히 부어가며 약불에서 끓입니다. 바닐라 익스트랙이 있으면 약간 넣어주세요.

7 걸쭉한 농도의 커스터드 크림이 되면 불을 끕니다.

8 또띠아에 7의 커스터드 크림을 넣고 180℃로 예열한 오븐에서 10~15분 동안 구워냅니다.

Apple pie

또띠아 애플파이 

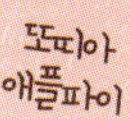

또띠아 1장 (8인치), 사과 1/2개, 호두 30g, 설탕 2큰술, 시나몬파우더 1작은술

1 호두는 오일을 두르지 않은 팬에서 볶아줍니다.

2 사과는 0.5cm 정도의 크기로 깍뚝썰기하고, 호두도 비슷한 크기로 잘라서 준비합니다.

3 사과, 호두, 설탕, 시나몬파우더를 넣고 갈색 빛이 날 때까지 약불에서 오래 조립니다. 타지 않도록 저어가며 사과의 수분을 충분히 날립니다.

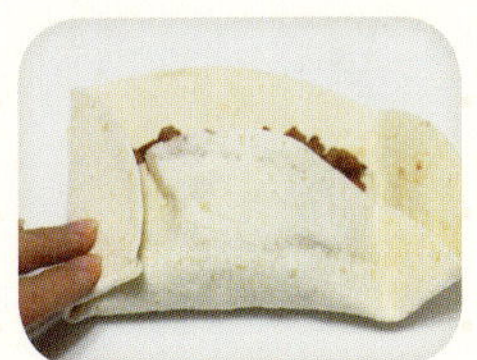

4 또띠아에 3의 사과 조림을 올립니다.

5 또띠아의 아랫부분을 먼저 접어 올리고, 그다음 양 옆을 접어주세요.

6 프라이팬에 오일을 약간 두르고 또띠아의 접힌 부분이 아래쪽으로 오도록 놓은 다음 약불에서 앞뒤로 노릇하게 익힙니다.

7 슈가파우더 등으로 장식합니다.

 **Walnut pie**

또띠아 호두파이 

Ready

또띠아 1장(8인치), 호두 70g, 달걀
1개, 설탕 2큰술, 꿀 30g, 포도씨유
1큰술, 시나몬파우더 1큰술

· 지름 15cm 타르트팬을 사용했습니다.

꿀은 물엿 또는 올리고당으로
대체할 수 있습니다.

Cooking

1 달걀에 설탕을 넣고 설탕
이 녹도록 잘 섞어주세요.

2 꿀, 포도씨유, 시나몬파우
더를 1에 넣고 섞어줍니다.

3 2를 체에 한번 걸러준 다
음 호두를 넣습니다.

4 타르트팬에 또띠아를 맞
추어 넣고 남는 부분은 손
으로 꾹 눌러 타르트팬 크
기대로 잘라주세요.

5 또띠아에 3을 채우고 170℃
로 예열한 오븐에서 15분
정도 구워냅니다.